崔玉涛
图解宝宝成长

言语表达

崔玉涛 / 著

中国商品信息防伪验证中心

人民东方出版传媒
东方出版社
正品 标识

电话查询: 4006-276-315
网站查询: www.china3-15.com
短信查询: 400800#防伪码至12114

刮涂层 输密码 查真伪

人民东方出版传媒
东方出版社

崔大夫寄语

　　2012 年 7 月《崔玉涛图解家庭育儿》正式出版，一晃 7 年过去了，整套图书（10 册）的总销量接近 1000 万册，这是功绩吗？不是，是家长朋友们对养育知识的渴望，是大家的厚爱！在此，对支持我的各界朋友表示感谢！

　　我开展育儿科普已 20 年，2019 年 11 月会迎来崔玉涛开通微博 10 周年。回头看走过的育儿科普之路，我虽然感慨万千，但更多的还是感激和感谢：感激自己赶上了好时代，感激社会各界对我工作的肯定，感谢育儿道路上遇到的知己和伙伴，感谢图解系列的策划出版团队。记得 2011 年我们一起谈论如何出书宣传育儿科普知识时，我们共同锁定了图解育儿之路。经过大家共同奋斗，《崔玉涛图解家庭育儿 1——直面小儿发热》一问世便得到了家长们的青睐。很多朋友告诉我，看过这本书，直面孩子发热时，自己少了恐慌，减少了孩子的用药，同时也促进了孩子健康成长。

　　不断的反馈增加了我继续出版图解育儿图书的信心。出完 10 册后，我又不断根据读者的需求进行了版式、内容的修订，相继推出了不同类型的开本：大开本的适合日常翻阅；小开本的口袋书，则便于年轻父母随身携带阅读。

　　虽然将近 1000 万册的销量似乎是个辉煌的数字，但在与读者交流的过程中，我发现这个数字中其实暗含了读者们更多的需求。第一套《崔玉涛图解家庭育儿》的思路侧重新生儿成长的规律和常见疾病护理，无法解决年轻父母在宝宝的整个成长过程中所面临的生活起居、玩耍、进食、生长、发育的问题。为此，我又在出版团队的鼎力支持下，出版了第二套书——《崔玉涛图解宝宝成长》。这套书根据孩子成长中的重要环节，以贯穿儿童发展、发育过程的科学的思路，讲解养育的逻辑与道理，以及对未来的影响；书中还原了家庭养育生活场景，案例取材于日常生活，实用性强。这两套书相比较来看，第一套侧重于关键问题讲解，第二套更侧重实操和对未来影响的提示。同时，第二套书在形式上也做了升级，图解的部分更注重辅助阅读和场景故事感，整套书虽然以严肃的科学理论为背景，但是阅读过程中会让读者感到轻松、愉快，无压力。

本册主题是"言语表达"。语言是交流的工具，要想让宝宝能够顺畅地交流，家长应该注重培养宝宝表达的欲望。本册分别从发音、表意、交流、语言发育问题和障碍以及双语学习五个方面出发，不仅指明了宝宝从一开始的吐字发音家长需要注意的问题，还针对宝宝不同的语言发育过程中出现的表意不明、发音模糊等问题和障碍给出相应的建议。此外，还结合宝宝生长发育特点，针对家长们关心的"双语学习"，做出了实操性强的理论指导。

愿我的努力，在出版团队的支持下，使养育孩子这个工程变得轻松、科学！感谢您选择了这套图书，它将陪伴宝宝健康成长！

育学园首席健康官

北京崔玉涛育学园诊所院长

2019 年 5 月于北京

发音清晰

对声音不敏感
也不爱说话P8

鼻音重是怎么回事
P4

口齿不清，该如何引导
P11

宝宝说话晚怎么办
P15

如何训练宝宝的听觉能力P20

宝宝舌系带短，影响说话吗P24

怎样锻炼口周肌肉P28

双语学习

英语启蒙怎么做
P110

英文启蒙绘本怎么选
P121

家长发音不准，能教宝宝英语吗
P114

双语学习会"搞晕"宝宝，或影响母语学习吗P117

大点的宝宝对英语没兴趣，怎么办P125

认知问题
影响语言发育吗P42

表意准确

害羞、不愿意说话，该如何引导P39

一直用"叠词"和宝宝说话到底对不对P37

听故事机、看动画片可以提升语言能力吗P48

怎样增加宝宝的词汇量P45

想要什么只会用手指不肯说怎么办P34

总喜欢说"不"，怎么办P54

说话时经常重复，算口吃吗P60

一着急就打人，怎么办P65

顺畅交流

明明什么都会，就是不肯说怎么办P71

怎样给2岁的宝宝讲故事P68

用词不正确或不恰当时，要纠正吗P57

如何面对语言爆发期的话痨宝宝P62

语言发育迟缓，该怎么治疗P98

说话晚，就一定是语言发育迟缓吗P82

如何判断语言发育迟缓P95

语言发育问题及障碍

会说话，但表达不明白P87

宝宝说谎怎么办P76

怎样应对宝宝说脏话P73

怎样合理使用电子产品P102

发音不清晰怎么办P91

CONTENTS

目　录

Part ➊ 发音清晰

Part ➋ 表意准确

Part ③ 顺畅交流

Part ④ 语言发育问题及障碍

Part ⑤ 双语学习

顺畅交流

表意准确

语言发育
问题及障碍

发音清晰

双语学习

Part 1 发音清晰

发音清晰

宝宝虽然说话不算太早，但发音还是比较清晰的。

及时引导宝宝用杯子喝水，避免不良习惯造成咬合不好或颌骨发育异常，进而影响口齿发育。

为了能让宝宝说话清晰，从一开始就应注重一些生活细节。比如，有意识地多锻炼宝宝的咀嚼能力，用以刺激面部细小肌肉的发育。

此外，还要多给他清晰的声音刺激，能让他更好地模仿。

苹果

a、o、e……

给宝宝创造更多的说话机会，让他自由地表达。通过这些尝试，宝宝顺利学会了吐字发音。

宝宝发音是否清晰，很多时候和家长在日常生活中的细节把握息息相关。

如果宝宝说话较晚，要及时排除疾病因素。比如，舌系带过短、听力损伤、腺样体肥大压迫听力神经等。

及时对宝宝进行咀嚼能力的锻炼、给予宝宝合理的听力刺激，建立正确的口腔护理习惯、给宝宝提供充分的语言表达机会。

若真存在疾病因素，及时排查有助于尽早确定病因，并及时就医，越早干预对宝宝产生的影响越小。

鼻音重是怎么回事

妈妈,我的"帽纸"呢?

妈!"帽纸"呢?

别生气,弟弟只是觉得好玩。

妈妈,我感冒鼻音重,弟弟又学我说话。

妈妈,弟弟怎么张着嘴睡觉哇?

妈妈!"帽纸"!

这孩子也没感冒哇,鼻音怎么这么重?

● 宝宝说话有鼻音,除了与感冒鼻塞等疾病原因有关,通常也与发音器官有关。例如,患唇腭裂或存在腺样体肥大问题的宝宝,通常鼻音会比较重;此外,上下颌咬合不良也会产生这个问题。因此一定要查明病因,对症治疗,才能解决宝宝鼻音重的问题。

★ 宝宝有严重的鼻音，通常代表宝宝身体健康出了问题。若不及时排查并治疗，不仅可能导致病情恶化，还会影响宝宝语言能力的发育，长远看来还可能影响到宝宝的社交和心理发育。

★ 排查宝宝近期是否患有感冒、过敏等疾病，从而导致鼻腔堵塞、鼻音重。如果在疾病症状缓解后，鼻音问题也跟着消失，家长就不必过于担心。

★ 但如果宝宝同时伴随用口呼吸症状，则建议家长带宝宝到医院检查腺样体和扁桃体，查看是否存在肥大的问题，并在医生的指导下进行治疗。

★ 宝宝如果存在长期吃奶瓶、安抚奶嘴
或吃手指、吃东西不爱咀嚼等情况，
易导致上下颌咬合不齐，面部肌肉发
育不好，进而影响到说话发音。建议
家长带宝宝到专业的儿童牙科就诊，
及早干预治疗。

依赖安抚奶嘴

★ 对于先天唇腭裂比较严重的宝宝，如
果已经做了手术，术后也可能会有鼻
音，需要通过语言训练进行矫正。程
度较轻的唇腭裂，因为表面不易被察
觉，很可能被忽略，却可能引发宝宝
鼻音重。一旦发现异常，家长要带宝
宝及时就医。

唇腭裂修复后

★ 除了上述情况之外，宝宝还可能模仿其他人说话而导致有鼻音，家长可以排查一下与宝宝密切接触的人，是否存在说话有鼻音的问题。如果是习惯问题，则提醒他们纠正自己的错误发音，给宝宝起到一个正向的榜样作用。

★ 对声音不敏感，需要排查是否存在听力的问题。长时间听不清甚至完全听不到外界声音，宝宝没有了学习的渠道，自然学不会说话。

★ 听力障碍问题除了对宝宝语言能力产生影响，还可能影响宝宝的智力发育的水平和心理健康，因此家长一定要重视。

★ 听力障碍问题如果未能及早诊断并及时干预，可能会影响宝宝的语言能力发育，再往长远了看，还可能影响到宝宝的认知能力、社交能力和心理健康。因此，越早发现越早治疗，对宝宝生长发育的影响就越小。

★ 耳道具有自我清洁的功能，分泌物通常能自行排出。因此，不建议家长用棉签、掏耳勺、小镊子给宝宝掏耳朵。一旦操作不当，很容易损伤耳道，甚至引发听力问题。

★ 如果宝宝反映耳朵不舒服，家长应及时带宝宝去医院，请医生帮忙检查，切不可自行处理。若检查后发现有问题，及时治疗，才能最大限度地减少伤害。

★ 对于已经出现听力损失的宝宝，为了减少听力问题对其语言等其他方面的影响，家长应及早带宝宝就医，必要时通过助听器或人工耳蜗的帮助，让宝宝能够尽早听到声音，从而将不利影响降到最低。

口齿不清，该如何引导

- 关于发音清晰度，2 岁左右的宝宝存在着一定的差异。一般情况下，排除疾病原因，通过持续的锻炼，不断模仿正确示范的发音，对口、唇、舌等相关发声器官熟练配合后，口齿不清的问题通常能够自然改善。

★ 宝宝口齿不清，多半与口腔和面部细小肌肉锻炼不够有关。

★ 人面部的细小肌肉，在两岁半之后基本就停止发育了。停止发育后，它的功能很难更改，这个时候只能通过训练面部的大肌肉来弥补。

★ 然而通过控制大肌肉与控制面部细小肌肉说话的效果有一定的差别，最明显的表现就是，控制大肌肉说出的每个字的重音都是一样的，所以最好尽早引导孩子锻炼口周面部细小肌肉。

排查宝宝口齿不清的原因，根据不同的情况，采取相应的措施。

★ 鼻子等呼吸器官不够通畅

如果鼻子不通气，宝宝可能会转为用口呼吸。长此以往，会导致舌头相对前伸，从而影响吐字发音清晰。此时家长应及时带宝宝到医院排查原因，若存在腺样体、扁桃体肥大等问题，遵照医生意见进行治疗。

★ 不良喂养或生活习惯引发的问题

喝奶时长期依赖奶瓶，习惯吸吮手指，靠安抚奶嘴寻求心理安慰，这些很可能会使宝宝上下颌骨发育不良，影响发音清晰。这种情况，需要纠正宝宝不良的生活习惯，然后在专业牙科医生的指导下，进行牙齿矫正和口周肌肉训练。

★ **咀嚼少，面部细小肌肉得不到锻炼**

如果宝宝平时吃的食物过于软烂，口周细小肌肉没有得到很好的锻炼，也会影响吐字的清晰度。及时教会宝宝咀嚼，锻炼口腔和面部细小肌肉，在此基础上，宝宝的语言能力才能得到更好的发展。

★ **宝宝的语言能力与大人的语言输出量息息相关**

最后，大人说话时要保持口齿清晰。多跟宝宝交流，并带宝宝到各种不同的环境中玩耍，让宝宝多看、多听，引导宝宝多说，不断练习，才能让宝宝的语言能力逐渐增强，口齿逐渐清晰。

在这个过程中，家长要注意不要批评和纠正宝宝的发音，更不要嘲笑宝宝口齿不清，以免引起其逆反心理，导致宝宝更不想说话。

宝宝说话晚怎么办

1 宝宝，这些是蔬菜，那些是水果。

2 ……

3 真是乖孩子！

阿姨！

4 他俩差不多大，我家的还不开口说话！

别着急，男孩说话比女孩晚。

5 妈妈！

6 宝宝会叫"妈妈"了！真棒！

★ 每个宝宝的语言发育速度都不同，家长不必太过心急，但是如果宝宝到2岁左右时还没有开口说话的迹象，那么就可能存在语言发育迟缓的问题了。家长要及时带宝宝就医，查找导致宝宝说话晚的原因，积极治疗才能解决问题。

● 如果家长不重视孩子说话的问题，不积极纠正错误的养育方式，就可能对宝宝的语言表达能力、认知能力的发展造成严重的影响。为避免出现这些问题，家长应该尽量做到以下几点。

1 足够多的语言互动

很多家长觉得宝宝小，就不怎么和宝宝说话，从而导致宝宝学习说话的机会减少，进而推迟了张口说话的时间。

家长要找机会多和宝宝进行语言交流，例如洗澡、换纸尿裤、穿衣服、玩游戏时，都可以跟宝宝交流。

🐾 家长不要太"善解人意"

宝宝还没来得及表达需求，大人就心领神会地满足他了，久而久之，宝宝就觉得没有说话的必要，这不利于宝宝语言能力的发展。家长可以故意表现得"迟顿"些，引导宝宝自主表达。

例如，当孩子用手指物想要苹果时，家长故意给他水，孩子就会表示"想要苹果"。这个时候家长可以大声地说："哦，你是想要苹果呀！"慢慢地孩子就会知道，只有自己有所表达，别人才能明白。

★ 小提示：千万不要用"你不说，我就偏不给！"来治孩子，这只会让他急哭，最后他干脆就不要了，反而会造成孩子心理上的障碍。

🐾 给宝宝模仿咀嚼的机会

家长在吃东西时，可以让宝宝在一旁观看，如果宝宝已经开始添加辅食，也可以让他与家人一同进餐，便于他模仿咀嚼。给宝宝的食物不要过于精细，相对较粗、较稠的食物能促使宝宝通过咀嚼锻炼面部细小肌肉，进而促进语言能力的发展。

创造丰富的语言环境

家长还可以给孩子更丰富的语言环境，比如带宝宝多去认识一些小朋友，多参与集体游戏，跟其他小朋友多接触，增加宝宝交流的欲望。

多鼓励，少批评

当孩子通过语言表达他的意愿和需求时，即使他表达得还不够清楚，家长也要多多给予鼓励并作出适当的反馈，让宝宝感受到语言的作用和力量，这样他才会更愿意进行语言交流。

如何训练宝宝的听觉能力

★ 听觉能力会很大程度地影响宝宝感知世界、学习语言、社会交流的能力。家长在保护宝宝听力不受伤害的基础上，要有目的地进行一些听觉能力训练，锻炼宝宝的听觉敏锐度，这对宝宝今后的语言学习意义重大。

● 宝宝出现听力问题，不仅会增加交流难度，还会影响孩子语言、社交等各方面能力的发展；因此重视宝宝听觉能力的训练很重要，具体可以这样做：

家里不要太嘈杂，也不能绝对安静

在宝宝睡觉时，家人白天要正常走动、说话。晚上要保持安静，这不仅对宝宝建立昼夜规律有帮助，也对宝宝听觉发育有好处。家里不要刻意保持绝对安静，因为长期缺少各种声音的刺激，也会影响宝宝的听力发育。

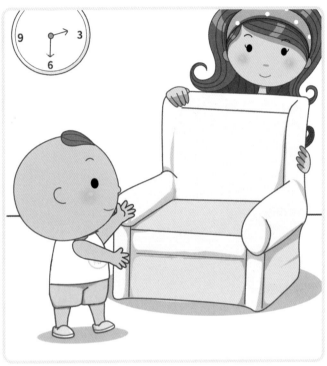

🐾 **注意保护宝宝的听力**

例如抱着宝宝时，成人不要长期对着宝宝大声喊叫，告诉宝宝不可以让别人对着自己的耳朵大吼大叫，也不可以对着别人的耳朵大叫；给宝宝选玩具，尤其是电子玩具时，要注意避免购买音质嘈杂、声音太响的玩具；不要给宝宝使用耳机，给宝宝听音乐时也要注意音量和音质。

🐾 **给予宝宝多感官刺激，增强宝宝对声音的理解**

要想训练宝宝的听力，除了要让他听见、听清，更要让他听懂。这得依靠眼睛、鼻子、手、脚等多个感官的刺激，才能做到。

例如，如果长期给宝宝听故事机，机器和宝宝没有交流，缺乏互动，并且只刺激了宝宝的耳朵这一种感官。相比来说，家长亲自陪宝宝看绘本，给宝宝讲故事，能给宝宝更丰富的刺激，从而达到更好的效果。

偶尔做一些听觉敏锐度训练游戏

在保持室内安静的前提下，给宝宝准备一些发声玩具，例如口哨、沙锤、铃铛、小鼓、小盒子等。通过改变气量吹口哨，或用力摇装有不同物品的小盒子，让宝宝感受不一样的声响，增加宝宝对声音的敏感度。还可以给宝宝播放不同风格的音乐，让宝宝感受各种乐器的节奏和声音。

多带宝宝接触大自然，让宝宝倾听和辨别自然的声音

多带宝宝到公园、郊外等户外环境，倾听大自然的声音，例如流水声、风声、鸟叫声等，可以锻炼宝宝的听觉敏锐度。

亲子阅读

坚持亲子阅读，宝宝可以倾听家长抑扬顿挫的声音。宝宝大一些后，可以让宝宝复述自己听到的故事，这样既能锻炼宝宝的听觉能力，同时也能锻炼宝宝的思维能力和语言能力。

宝宝舌系带短，影响说话吗

★ 对于舌系带过短的问题，应早发现、早处理。家长认为的"宝宝大点，舌系带的问题就会消失"的可能性比较小。而且宝宝越大，手术越麻烦，愈合也越慢，这也会对孩子的语言和心理发育造成一定的影响。

正常舌系带

异常舌系带

★ 正常情况下，舌系带的上端应该连接着舌根，这样舌头才能够自由活动，舌尖也可以很自然地伸出口腔外。但是，有的宝宝舌系带连接处不在舌根，而比较靠近舌尖，这就是所谓的舌系带过短。

★ 存在舌系带过短问题的宝宝，舌尖很难向上卷曲，向外伸舌头也很费力。当宝宝舌尖上卷或伸出时，舌头呈现出的形状异于正常情况：当舌尖上卷时，舌头中间部位被舌系带牵拉，使得舌头呈"V"形；当舌头外伸时，舌尖受牵拉无法伸出，两侧会拱出来，使得舌头呈"W"形。如果宝宝存在这个问题，建议及时就医。

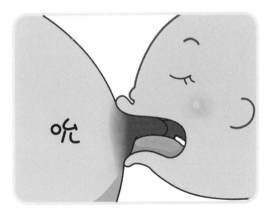

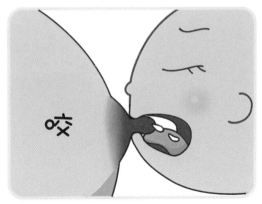

★ 舌系带过短，可能会影响宝宝吸吮及吞咽乳汁。等宝宝大一点，舌系带过短还会影响宝宝的语言发育。例如：舌系带短的宝宝，因为舌头上卷困难，卷舌音就发不好，比如"ch"和"sh"。另外，需要舌尖顶住上齿后面的音，也发不好，比如"l"和"n"，这就是我们常说的"大舌头"。

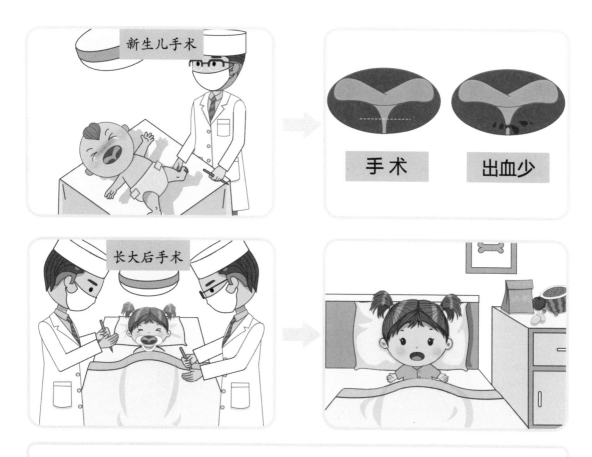

新生儿手术

手术　　　出血少

长大后手术

★ 舌系带短的问题，如果在新生儿时期发现，那么建议遵医嘱及早处理。新生儿做舌系带切开术时，医生会在舌头部位打上局麻药；然后用手术剪剪一下，很快就结束了。新生儿舌系带血管不丰富，剪完按压止血10~15分钟即可，也不用缝针。这样处理之后，通过结缔组织增生，宝宝的舌系带就拉长了。

★ 有的家长想等宝宝长大，舌系带自己变长。但只是很少的一部分宝宝能自然长好，一旦没有长好，再做手术可就麻烦多了，大宝宝很可能需要全身麻醉，也需要缝合切口；并且，大宝宝伤口愈合得相对较慢，在一定时间内都会影响吃奶和进食辅食。所以，对于宝宝舌系带的问题，家长应遵照医生的建议及时治疗。

怎样锻炼口周肌肉

★ 咀嚼和说话都会用到口周肌肉和面部细小肌肉，而这些部位肌肉的发育程度又直接影响宝宝的语言能力发育。要想锻炼这些肌肉，可以从教宝宝学习咀嚼上下功夫，还可以跟宝宝做一些锻炼口周肌肉的游戏。

糊糊状　　　颗粒状　　　小块儿状　　　大块儿状

★ 给宝宝添加辅食开始，家长在喂宝宝时，自己嘴里也要嚼着食物或口香糖，给宝宝示范咀嚼的动作，让宝宝模仿。

★ 随着宝宝出牙和学会咀嚼，家长给宝宝提供的辅食性状，要遵循"由稀到稠，由细到粗"的原则，为宝宝提供足够多的锻炼咀嚼的机会。

★ 给小宝宝准备适宜锻炼咀嚼的食物，例如磨牙棒等。随着宝宝咀嚼能力越来越强，可以将食物性状由泥糊状变成颗粒状、块儿状，同时也可以给宝宝一些安全的食物来练习啃咬，例如玉米、大棒骨等。这些需要宝宝张大嘴巴啃咬，仔细咀嚼才能吞咽的食物，可以很好地锻炼宝宝的口周肌肉。

锻炼口周肌肉的小游戏

★ 在口腔医生的指导下使用口周肌肉训练器
  将训练器放在宝宝口腔里，贴合牙齿表面，让宝宝上下唇紧闭，家长通过轻轻向上或向下拉动绳带，宝宝则会利用口唇力量与之抗衡，进而达到锻炼口周肌肉力量的目的。

★ 小球快跑
  用一根吸管和一个乒乓球，让宝宝用吸管吹着乒乓球向目标前进，这个游戏可以锻炼到宝宝的面部细小肌肉和舌唇肌等。

★ 做鬼脸
  跟宝宝一起对着镜子做鬼脸，例如吐舌头、张大嘴等方式都可以锻炼到面部细小肌肉。

★ 猜几颗
  在宝宝嘴里放几颗小饼干，然后让他猜猜是什么食物、有几颗、什么味道等，让宝宝用舌头感受食物。这个游戏可以提高宝宝舌唇肌的肌肉力量，也能够增加对面部细小肌肉的训练。

Part2 表意准确

丰富语言环境

注重语言"输入"

不要太"善解人意"

宝宝不爱说话，或者根本不肯说，但又不知道问题出在哪里。

多带宝宝看、听，外出接触不同的人以及事物，让宝宝获得最原始的词汇积累。

要引导宝宝张口说话。多和宝宝做互动式语言交流，增加表情和肢体动作来帮助宝宝理解语言，并在宝宝有需求时延迟满足，尽量引导他自己说出来，这是一个完成语言输出的过程。

输入和输出二者结合起来，才能让宝宝获得更好的语言表达能力。

千万不要因为关爱，而剥夺了宝宝学习语言和用语言交流的机会。

如果日常已经做好了这些，宝宝依然有语言障碍，则需要及时就医，以排除疾病因素。

★ 如果宝宝只会用手指东西，不肯开口说话，家长可以假装听不懂，尽量引导宝宝主动说出来。

★ 如果宝宝总是还没说出口，家长就已经明白了宝宝的意思，并给了宝宝想要的结果，那么对于宝宝来说，就没有非说话不可的必要，也就用不着去学说话了。长期下去，宝宝的语言发育会受到影响。而一旦错过语言敏感期，势必会导致言语功能和表达能力的落后。

★ 首先家长不要太过"善解人意"，不要总是在宝宝没说出口的时候，就理解宝宝的意思，并付诸行动。尽量"明知故问"，即使知道宝宝的意思，也要适当地假装糊涂，多问宝宝几次，引导宝宝把需求说出来，但切记不要强硬地逼迫宝宝说话。

★ 家长不要因为宝宝哭闹，就马上满足宝宝的要求，可以先转移宝宝的注意力，安抚一下宝宝的情绪。等下次宝宝提要求时，依然要引导他说出来。宝宝一旦主动说出来，家长要及时表扬宝宝，并作出正确的反馈，增加他说话的兴趣。

★ 日常多找宝宝感兴趣的话题，尽量和宝宝进行互动式的对话交流，给他锻炼的机会。此外，多让宝宝和大一点的小朋友一起玩，也可以刺激宝宝说话的欲望。

一直用"叠词"和宝宝说话，到底对不对

这是鸭鸭！

鸭鸭！

看！机机！

机机！

饺饺！

包包！

一直用叠词和宝宝说话，到底对不对？

● 在宝宝学话初期，往往只能发出叠词，这时家长用叠词的方式和宝宝交流，能够让宝宝感受到成就感和交流的乐趣。但是如果一直用叠词沟通，则可能使宝宝无法习得正确的说法。因此，家长应该适时改变语言表述方式，引导宝宝正常表达。

★ 学话初期，可以适当使用叠词，但一旦宝宝掌握了用叠词表达，这时大人就可以开始尽量少用叠词，而应逐步过渡到用正常词语表达的方式，让宝宝循序渐进地掌握语言的正常使用方法。

★ 和宝宝说话时，大人要特别注意发音和使用词语的准确性，尽量说完整的语句。用正常的语句和宝宝交流时，大人可以说得略短一些，慢一些，让宝宝容易理解和模仿。

★ 宝宝一旦说出完整的语句或短语，家长要及时表扬和鼓励。即使宝宝仍然使用叠词，只要家长继续保持正常语句，很快宝宝就会有所改变。

害羞、不愿意说话，该如何引导

- 面对不熟悉的人时，宝宝害羞不说话，是认生的一种表现。对于宝宝来说，这既是心理发展的必经之路，也是一种自我保护的方法。家长应该在顺应发育规律的基础上，做好引导，帮助宝宝顺利度过这段时期，并为将来融入社会打好基础。

★ 如果家长性格比较沉默，不爱社交的话，宝宝大多也害羞不爱说话。这时，家长可以尽量做出表率，也可以让宝宝多和开朗的人接触。但家长不必过于紧张，只要宝宝具有正常沟通的能力，就没必要非得强迫孩子"改变"性格。

★ 如果家长总喜欢纠正宝宝的语言错误，也会让宝宝变得内向，不爱说话。其实，家长应给宝宝说话的机会，发现小错误，只需适时重复正确的说法就好。

★ 如果平时接触外界环境太少，也会让宝宝变得害羞、不爱说话。可以尝试多带宝宝见见陌生人和不同的环境。同时，家长要有合理的预期。宝宝初到陌生环境可能会害羞不语，家长应陪宝宝熟悉环境，减轻他的不安全感。

★ 每个宝宝的发育都有自己的节奏，家长应该顺应这种节奏，不要强迫。可以给宝宝提供更多的社交机会，也可以陪伴宝宝并让他在一旁多观察，并鼓励他参与，但最终还是要让宝宝自主决定是否参与。

认知问题影响语言发育吗

宝宝,你在玩什么呢?

……

你家宝宝长这么大了!

宝宝,叫"阿姨"!

……

这么大了,还不开口说话。

别着急,贵人语迟!

啊!"自闭症"!

宝宝存在认知问题,会影响语言发育吗?

★ 宝宝认知不足或认知缺陷,会导致宝宝缺乏语言表达的基础,直接影响语言功能的发育。如果存在问题,及时发现宝宝的认知缺陷,做到尽早干预,可以有效地改善语言功能的发育。

★ 日常生活中要给宝宝提供良好的认知环境，在玩耍中达到认知训练的目的，比如：多玩各种物品、玩具，多接触各类环境，增加亲子互动机会。认知训练的增加，可以激发宝宝对语言表达的兴趣。

★ 自闭症儿童主要表现之一就是语言方面的问题，有的自闭症患儿甚至根本学不会说话。这种认知障碍造成的语言障碍和社会交往障碍，在早期如果能够通过介入治疗，很可能会有比较明显的效果。

★ 某些脑损伤，如小儿脑瘫也会造成宝宝认知能力低下，因为这类脑损伤对智力和发音方面有极大影响，直接导致宝宝语言功能发育受阻。如果能及早确诊并做到科学康复，可以在一定程度上促进认知的发展，对整体运动机能和语言发展都有很大的帮助。

怎样增加宝宝的词汇量

● 多听、多说，保证宝宝充足的词汇输入量。

★ 平时家长和宝宝在一起的时候，对宝宝能够看见或触摸到的每种东西，都可以念出明确的名称。不要觉得宝宝听不懂，就忽略过去。

★ 还可以经常给宝宝看看图片，说出图片中图案对应的名词，一次不要看太多，但尽量多次重复，加深宝宝的印象。

★ 多和宝宝对话交流，不要总是让宝宝自己安静地玩。对话过程中，大人会使用丰富的词汇，这对宝宝来说是最好的积累过程。唱儿歌、读绘本也可以帮助宝宝积累更多的词汇。

★ 家长还可以经常带宝宝出去玩，认识新的事物和人，体验更丰富的语言环境。

听故事机、看动画片可以提升语言能力吗

看太久了，对眼睛不好！

不要！不要！

妹妹，一起玩这个吧！姐姐给你跳舞！

啦啦啦！

啦！啦！

俩孩子一起玩，有互动还能学说话！

★ 语言不仅是用来沟通的工具，更是一种情感表达的载体。过分机械化的语言刺激，不利于宝宝将语言和情感结合起来，严重的还可能会造成将来表达上的缺陷。

★ 大人平时应该多与宝宝互动，增加交流的时间，让宝宝在听到大人说话的同时，也能观察到大人的面部表情和肢体动作，这样有利于宝宝理解语言所表达的情绪和内涵。

★ 故事机在一定程度上能起到增加词汇量的作用。输出的语言也有音调变化，但因为缺少真人的互动，宝宝很难理解故事机中的音调表达的情绪，以及这些情绪所代表的意思。这些情绪及意思需要语音、表情和动作相结合，才能让宝宝形成完整的概念，因此不要经常把宝宝交给故事机。

★ 不要完全让宝宝靠看动画片来完成认知。虽然动画片能够实现语言认知的部分任务，但动画片中充满夸张和非现实的表现形式，容易让宝宝产生认知偏差。应该让宝宝多接触现实生活中的事物，比如看了动画片里的大象，那么不妨带宝宝去动物园看一看真实的大象，这样有利于宝宝形成正确的认知，同时对语言所表达的内容，也会有更加准确的了解。

Part3 顺畅交流

顺畅交流

对于宝宝的语言发育，应该在做好引导的基础上顺其自然。

宝宝在说话上虽然兜了一点小小的圈子，但与人交流还是比较顺畅的。

大人要注意自己说话的发音和表达方式，力争给宝宝一个最优的示范。

即使有时候宝宝会用词不当或小结巴，我也不会特意纠正或勉强他。

平时我也会把宝宝当成一个小大人，平等地和他对话，认真地回答他的问题。

宝宝语言丰富起来后，很喜欢和别人交流，也很喜欢表达出自己的想法和感觉，这才是语言真正应该发挥的作用。

每个宝宝都有自己的发育特点和节奏，对于宝宝的语言发育，家长不要纠结某一小段时间内的发育情况。

家长要做的是正确顺应和引导，过分强迫、干预反而会影响宝宝将来的语言发展。

语言是交流的工具，要想让宝宝实现顺畅的交流，家长应该注意培养宝宝表达的欲望，不要经常生硬地打断或纠正宝宝，降低他的积极性。

只要平时多给宝宝正确的示范，宝宝自然会掌握合适的表达方式。

另外家长应该多创造让宝宝开口说话的机会，不要做宝宝肚子里的蛔虫，尽可能让宝宝自己用语言表达需求。

鼓励宝宝多社交，通过不断的模仿和练习，掌握语言交流的技巧。

No.! 总喜欢说"不"，怎么办

要以尊重和理解为前提，改变宝宝的表达方式靠的是引导，而不是压迫。

如果家长日常用"不"的频率特别高，宝宝就会习惯于说"不"，但并不一定是表达拒绝的意思。家长应该注意平时的用词，给宝宝正向的引导。即使宝宝犯错，也尽量采取"强化优点，淡化缺点"的方式，不要直接用否定词去评价。

最好能同时提供几个备选的方案，让宝宝有自主选择的机会，从而减少说"不"的机会。

尽量尊重宝宝的意愿。随着心理发育的不断进步，宝宝对自我意识的强调也会越来越高。只要不是犯原则性的错误或危及安全的事情，可以尽量让宝宝按照自己的心愿来，避免宝宝为了体现自我而刻意说"不"。

在时间、活动安排上，做好预先准备，不要人为增加宝宝说"不"的情况。比如明明只剩下 10 分钟空闲时间，却答应宝宝玩一场耗时 20 分钟的游戏，不得不中途结束的时候，结果自然可想而知。

当宝宝确实爱用"不"表示拒绝时，不要责骂宝宝，应该先试着理解宝宝说"不"的具体原因，用共情的方式获得宝宝的信任，再引导他用恰当的方式表达自己的想法。

家长多给宝宝做正确的用词示范，这比执着地纠正他，效果要好得多！

总是不停地纠正宝宝用词上的错误，很容易打击宝宝说话的兴趣和自信心，让他变得越来越不喜欢说话。长期下去，会拖延宝宝掌握语言技能的进度，甚至让宝宝产生自卑感，影响社交能力的发展。

宝宝说话时用词有错误，并不建议家长频繁地纠正他。宝宝难以改正的话，家长可以暂时忽略错词，在接下去的对话中继续用正确的词语和宝宝对话。

在日常生活中，大人要注意自己用词的准确性，给宝宝正确的示范。时间一长，宝宝自然会从模仿家长的过程中，学会词语的正确使用方式。

不要因为觉得宝宝用错词时好玩，就模仿宝宝的说话方式，这会让宝宝觉得自己说的是对的。也不要因为宝宝说得不对而取笑宝宝，这样容易刺伤他的自尊心，让他变得不敢开口说话。

说话时经常重复，算口吃吗

● 排除器官发育的问题，宝宝出现口吃也与心理问题有关。随着宝宝思维水平不断提高，表达需求也与日俱增，但此时宝宝的词汇量相对不足，掌握的熟练度也不够，这就使得宝宝能够表达的和他想表达的产生了一定差距，造成他喜欢重复某个字或词语的现象，而且宝宝越着急，这种情况显得越严重。

◉ 宝宝说话的时候，家长要注意倾听，并且不要打断他，让他能够有充足的时间，从容地说完他想说的话，这样可以减少因为着急而增加的重复情况。

◉ 不要当面评论宝宝说话重复这件事，否则会让他感觉到心理压力，反而加重这种现象。

◉ 不要老是强调让宝宝通过"重新说"或"慢点说"来减少重复，这通常并不会有什么效果。家长只要保持努力理解宝宝的态度，并让宝宝感受到家长对他说的话感兴趣就可以了。减少宝宝的受挫感，避免丧失交流的兴趣。

◉ 通常两岁多的宝宝很少会出现真正的口吃，可以顺其自然，等他的语言能力发展起来就好了。

◉ 如果宝宝结结巴巴持续的时间比较长，或重复的词语过多，甚至有的宝宝出现身体紧张的情况，可以向医生寻求帮助。

如何面对语言爆发期的话痨宝宝

● 引导宝宝使用正确的说话方式，有利于培养
良好的用语习惯。但在方法上，家长应该有
重点而间接地引导，而不能采取直接遏制宝
宝说话的方式。

◈ 即使宝宝话多，家长既不要粗暴地直接打断宝宝，也不要通过漠视等方式遏制宝宝的说话欲望，这样会打击宝宝说话的积极性，不利于将来的语言发育。

◈ 在宝宝说完话的时候，家长可以帮助宝宝把关键内容提取出来，用简洁、正确的方式再说一遍，逐渐让他理解语言表达要有重点。

⬗ 家长平时说话的时候语言要简洁，不要长篇大论。和宝宝对话时，句子应该说得短而清楚，让宝宝可以正确地模仿。

⬗ 不要因为宝宝现在爱说话，就对宝宝的性格下结论，宝宝在语言爆发期话多是正常的，家长应该尽量给宝宝空间自由成长。

● 随着自我意识的不断加强和行动能力的提高，宝宝出现攻击行为的概率也会增加。这虽是一种发育规律，但如果得不到纠正和正确引导，很容易让宝宝养成用暴力解决问题的习惯。家长要引导宝宝学会使用合理的方式疏导情绪，比如，用语言表达和发泄情绪。

如果宝宝出现持续或较严重的攻击行为，家长应该及时将宝宝和对方分开，平静而坚定地告诉宝宝"不可以"。

如果宝宝因为家长的告诫而哭闹，那么家长应迅速把宝宝带离现场，换一个地方让宝宝安静下来。不要急于讲道理或让宝宝道歉，这要等到宝宝情绪稳定后再进行。

宝宝情绪平静后，家长讲道理时不要长篇大论，应该发挥共情的作用，引导宝宝了解被打的感受，让宝宝能够认识到行为的错误。同时要弄明白宝宝动手的具体原因，帮助他学会用语言表达或发泄情绪。

如果宝宝养成了攻击的习惯，那么家长可能需要更多的耐心来帮助宝宝改正。比如不能过于溺爱孩子，更不能对攻击行为放任不管。如果宝宝对家长动手了，家长要表现出很疼的样子，并告诉宝宝被打的人很不开心，打人是不对的，而不要笑嘻嘻地无所谓。多表扬宝宝有礼貌的行为，并且在宝宝有哪怕一点点进步时，就给予表扬和鼓励。也可以通过读绘本等形式，让宝宝认识并学习正确的行为习惯，学会用语言表达不同的情绪和诉求。

有的宝宝打人并不是真的攻击行为，而是对大人行为的一种模仿。比如大人用轻轻拍打表示亲昵，这让宝宝认为拍打是一种友好的方式，而宝宝则控制不好力度，就会出现"攻击行为"。这时需要家长注意自己的行为，并引导宝宝做出正确的社交动作和语言表达。

家长讲故事时，声音要清晰、语句要简短、声调抑扬顿挫有起伏，还可以辅以
丰富的表情、动作等，做到"活灵活现"的演示，充分激发宝宝的想象力，培
养宝宝的专注力。

又讲这个故事呀?

讲故事并不是越多越好，同一个故事只要宝宝喜欢，可以反复讲。这有助于
提高宝宝的记忆力和理解力。

同一个故事，每次讲的时候最好侧重在不同的点上，可以是故事情节，可以是里面精彩的图画，也可以是认知颜色。这能增强宝宝的新鲜感，让故事的魅力更持久。

你猜猜，它会怎么样？

啊呜！吃掉了！

同时，家长可以多提问题，引导宝宝自己发挥想象，猜测故事情节。

不要只是用早教机播放故事给宝宝听，虽然早教机有语调语音的变化、角色声音的差异，但缺少了动作、表情的辅助，这并不利于宝宝理解语句所表达的内在情感。

明明什么都会，就是不肯说怎么办

71

◆ 家长平时要注意和宝宝说话时的态度，不要总是打断、纠正或者取笑宝宝。这些行为都很容易打击宝宝说话的积极性，给宝宝造成心理压力，导致宝宝越来越不喜欢开口。

◆ 宝宝说话的时候，家长要认真、耐心地听，多鼓励和赞扬宝宝，提升宝宝对说话的兴趣。

◆ 可以和宝宝多玩角色扮演的游戏，模拟一些社交场景，让宝宝消除恐惧和陌生感，也让宝宝更愿意开口说话。家长可以多带宝宝出门，让他学会适应陌生环境，多和其他小朋友一起玩，帮助宝宝融入社交氛围。

◆ 在宝宝不想说话的时候，家长千万不要强迫他说，也不要拿别的小朋友来做对比，这样往往只会让他更逆反。每个宝宝都有自己的性格特点，并不是所有的宝宝都喜欢多说话，不要用别人的标准来衡量自己的宝宝。

怎样应对宝宝说脏话

● 面对宝宝说脏话的行为，应该采取淡化缺点正向引导的方式，千万不要有过激的反应。

73

宝宝并不知道脏话的含义，所以即使偶尔说了也并不能代表有什么品德问题。宝宝第一次说脏话，家长要做到不笑，也不批评指责，当然也不要和宝宝谈论这件事，家长可以假装没听到，让宝宝自然忘掉就可以了。

如果宝宝经常说脏话，就需要加以纠正了。但不能采取太粗暴激烈的方式，应该平静但坚定地告诉宝宝"不可以这样说话"。然后用其他事情转移宝宝的注意力，避免宝宝进一步加深对脏话的印象。

哔~

平时，家长要注意自己的言辞，宝宝的脏话往往是从大人那里学会的。如果不小心说出一句，也不要反应太大，可以马上不动声色地换一个词代替，让宝宝把兴趣集中到新词上。

此外，还可以用游戏、绘本、动画片等宝宝感兴趣的方式，让宝宝对行为礼仪有更深刻的认识，了解什么该做，什么不该做。

宝宝说谎怎么办

宝宝说谎了，家长应避免责骂和惩罚宝宝，尽量用淡化缺点的冷处理方式，让宝宝了解诚实的重要性，并在言传身教中让宝宝学会不说谎。

♣ 有时宝宝说谎并不是有意识的，这时的宝宝处于想象力丰富的阶段，会把现实和幻想弄混，把想象当成现实告诉大人。这实际上并不算说谎，所以家长不必太在意，接受宝宝的说法或忽略过去都可以。随着宝宝渐渐长大，慢慢就能分清现实和幻想了。

♣ 另一种是宝宝选择性遗忘自己的过失，说了与事实不符的话。这种情况其实也很正常，家长即使知道宝宝说谎了，也不要当面即刻拆穿，应该在表明对宝宝信任的同时，从侧面让宝宝明白诚实的重要。如果宝宝随后能承认说过谎，那么就应该立刻表扬宝宝。

如果家长对宝宝的期望太高，超出宝宝的实际能力，那么宝宝为了能靠拢大人的期盼，也会选择说谎，这其实是大人造成的。家长应该调整自己的心理预期，不要给宝宝太大的压力。

如果家长平时就经常不守承诺，让宝宝觉得说谎是一件很正常的事情，那么宝宝说谎也就不奇怪了。言传身教非常重要，家长应给宝宝做好正向的引导。家长答应宝宝的事情就要履行，否则就不要轻易承诺。

面对宝宝说谎，家长不要一味地批评，甚至责骂。这会加深宝宝对说谎的印象，并刺激产生逆反心理。家长应该选择"淡化缺点，强调优点"的处理方式，宝宝说谎的时候暂时忽略过去；而当宝宝说实话的时候则多鼓励和赞扬，慢慢宝宝就会明白应该怎么做才对了。

Part4 语言发育问题及障碍

语言发育问题及障碍

后来发现宝宝不爱说话的原因，是家长太能领会宝宝的意思了。

于是我们决定，不再领会宝宝的意思，而是引导和鼓励宝宝多说话。

其实，宝宝语言发育过程中，可能遇到的问题还是很多的。有些家长引导不当，只是让宝宝学会了说话，但没有学会表达。

咿咿呀呀

宝宝有一阵子不太肯开口说话，爱用手指。

有些宝宝则表现出拥有语言能力，却没有社交沟通的能力。

还有就是一些宝宝患有心理和生理上的疾病，也会直接导致宝宝语言发育障碍。

语言能力的发展是宝宝生长发育过程中，一个重要的发育指标。

如果宝宝说话过晚、不爱说话或说话不清晰，家长可以反思在养育过程中是否有不当的方式方法。

不管是家长的养育方式问题还是疾病因素，都需要及时采取正确的干预措施，才能避免给宝宝造成更大的影响。

常见的疾病因素有：听力障碍、器质性病变、口腔功能障碍、心理问题等。

常见的养育方式问题有：没有给宝宝创造开口的机会；和宝宝交流过少，宝宝缺乏模仿对象；频繁指责宝宝的语言错误，打击宝宝说话的积极性。

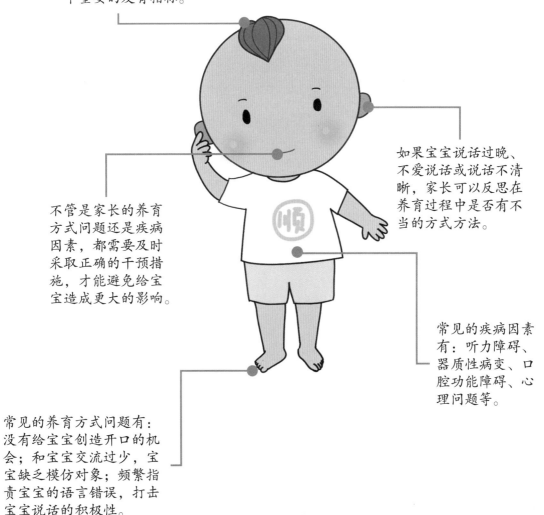

● 排除先天遗传和后天疾病等因素，宝宝说话晚，通常指宝宝在生长发育过程中，阶段表现比"里程碑标准"落后了一些，但这并不代表孩子就一定存在发育迟缓的问题。每个孩子都有个体差异性。这种个体差异性导致的说话晚，不一定会对孩子未来的健康成长造成影响，所以家长不必过于担忧。

● 遗传、养育环境、养育方式等因素都可能与宝宝说话晚有关。家长除了引导宝宝多做语言表达之外，还要反思自己的养育方式是否有问题。例如，照顾者是否跟宝宝建立起了足够亲密的情感联系？是否给宝宝提供了适宜的语言环境？宝宝的辅食喂养方面是否过于精细，而没锻炼到宝宝的咀嚼能力？

● 排查自己做得不足的地方，积极改正，才能有效改善宝宝说话的问题；否则，根源问题没解决，后续还可能造成其他方面的问题。家长只要在这方面多加注意，尽可能给宝宝提供丰富的语言环境，多互动交流，宝宝的语言能力很快就能追赶上来。

0~3 岁语言发展规律

月龄	语言特点
2~3个月	从用哭声表达所有需求到发出简单的单音节，例如"喔""啊""哦"等单音节
4~5个月	开始模仿成人发音，能发出时高时低的语调玩发音游戏
6~9个月	积极模仿说话的声音，叫名字有反应，可发出不同音节
12个月	能理解简单词语和句子，能发出比较清晰的单音节，比如"ba、da、ga、ma"
15~18个月	能遵从简单指令，会摇头表示"不"
24个月	平均说出50个单词，说出包含2~4个词语的短句
36个月	能说出简单的句子进行表达，能说出自己的全名，说出的话大部分可被听懂

注：以上内容源自美国儿科学会

孩子说话晚不晚，家长要客观判断。

● "0~3岁语言发展规律"表，呈现的是0~3岁宝宝语言发展的大致规律。
但即使你的宝宝语言进展不完全符合表格所列，也不必过于着急，毕竟
每个宝宝都有自己的发育节奏，只要没有其他异常，说话稍晚一点，也
是正常的。

> 啊！啊！啊！

> 弟弟，你是
> 要球球吗？

● 如果宝宝在12个月以后还无法用身体语言交流，或者在18~24个月时，还
不能执行简单的指令，家长则需要带宝宝到专业机构进行详细的检查和评
估，排除可能存在的疾病因素。若医生确诊宝宝存在语言发育迟缓，家长
就需要根据医生的建议，对宝宝进行纠正和训练。

医院

在日常生活中，下面的方法能够帮助和促进宝宝的语言能力发育。

① 多和宝宝说话

如果希望宝宝有说话的欲望，家长就需要首先做好表率，多和宝宝沟通交流。家长在引导宝宝说话时，不要总是无意义重复，而是尽可能用完整、准确的语句来描述日常生活中的事物或行为，保证宝宝获得充足的词汇输入量。

② 积极正确地回应

无论宝宝说的话是否能够听懂，家长都应给予积极的回应。回应的方式既可以是模仿宝宝的发音，也可以是语言加夸张的表情。这种回应能激发宝宝学习语言的兴趣。

③ 明知故问

生活中，很多家长过于"善解人意"。宝宝的一个眼神、一个表情都足以让家长了解他的意图，这样一来，宝宝自然就没有说话的必要了。其实，家长应该适当装糊涂，尽可能地引导宝宝说出自己的意图，以锻炼他的语言表达能力。

会说话，但表达不明白

- 会说话不等于会交流。如果孩子会说话，却不能准确表达自己的感受和想法，不能与人顺畅地交流，那就达不到我们让孩子学习语言的最终目的。因此，想让孩子语言能力强，更为重要的是互动交流。

87

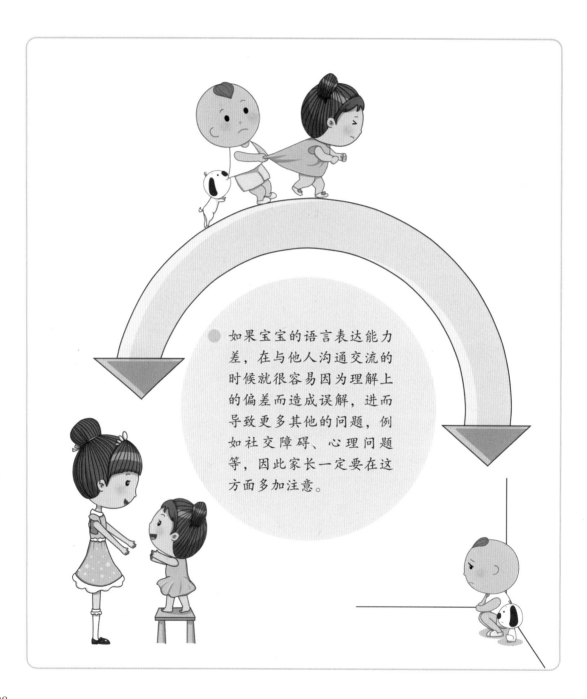

如果宝宝的语言表达能力差，在与他人沟通交流的时候就很容易因为理解上的偏差而造成误解，进而导致更多其他的问题，例如社交障碍、心理问题等，因此家长一定要在这方面多加注意。

语言能力的发展不是孤立的，与待人接物等能力的发展息息相关。

因此家长在发展孩子语言能力的同时，也应注重其他能力的全面发展。比如多提供社交机会，可以给宝宝语言能力的发展带来更多刺激。

多做准确流畅语言表达示范。

"今天街上好多车呀，开得真快！"

比如，看到大街上开着的车，家长可以跟宝宝说："今天街上好多车呀，开得真快！"说话的时候，一定要尽可能地面对宝宝，让他能够看到你的嘴形变化，这样更有助于宝宝学习。

不要斥责、攀比,而是要鼓励宝宝
多次尝试。

每个宝宝的情况是不一样的,家长
不要老拿自家宝宝与别人攀比,也
不要盲目批评宝宝。学习需要一个
过程,鼓励远比批评有用得多。

家长要以身作则,记住自己时时刻
刻都是孩子模仿的对象。

家长说的话,包括内容、语气,孩
子都会自然地去学习和模仿。如果
家长说话时存在语句不通、用词不
当的问题,那么肯定会影响孩子的
语言学习。

发音不清晰怎么办

是呢!

你家宝宝有四岁了吧?

妈妈,汪汪!

妈妈,这是"抖抖"!

这么大了,话还是说不清楚!

哎呀! 宝宝和"抖抖"玩呢?

我大概知道你家宝宝话说不清楚的原因了!

是的! 我也知道了!

口齿不清,也就是我们常说的"大舌头",原因分为两种——器质性和功能性。前者主要包括听力损失、舌系带过短等。后者情况居多,多半是与孩子所处的语言环境和家庭养育习惯有关。

发音不清晰的问题，如果不是疾病原因，一般对宝宝的健康没有特别大的影响。但如果不及早纠正，可能会导致宝宝发音习惯不良、吐字不清。宝宝将来进入校园和社会后，还可能被同龄人嘲笑，导致他产生自卑等心理问题。

❖ 宝宝说话不清晰，首先排查是否存在器质性的问题。若真有问题，可在医生的指导下治疗。

狗狗走开！

狗狗走开！

❖ 家人在日常生活中要注意自己的发音。因为父母是宝宝的第一任老师，宝宝语言交流的能力大多是从家长那里习得的。

DuDu

❖ 当宝宝出现发音错误时，家长不要心急，更不要强行纠正。不要给宝宝压力，否则可能会加重宝宝的心理负担，使他的发音问题更加严重，甚至闭口不肯说话交流了。家长只要保持在孩子面前始终使用正确发音就可以了。

家人跟宝宝说话时，要尽量面对面，说话不要太快，让宝宝能够观察到家人嘴部动作，这更容易让宝宝改正错误的发音方式，自主地去模仿学习正确的发音。

家长可以通过做游戏等宝宝容易接受的方式，锻炼他的口周肌肉和面部细小肌肉。例如和宝宝比赛咀嚼块状食物、教宝宝吹哨子等。

如何判断语言发育迟缓

都快3岁了，还不会说话。

搭个积木看看？

哼！

把这个胡萝卜给叔叔。

松开妈妈，自己下楼梯！

……

结果出来了，孩子发育滞后！

怎么可能？这些孩子平时都会的，只是测试时不配合而已！

● 家长除了需要了解宝宝在当前阶段语言发展能力状况，在发现宝宝异常时，还可以借助专业测评师或医生的评估，判断宝宝是否存在语言发育迟缓的问题，并在专业人员的指导下进行干预治疗。

家长如果不关注宝宝语言方面的发展，很可能错过最佳的干预时机。如果等宝宝大一点或者上学了才发觉，那就有可能引发学习认知困难、社交障碍等诸多问题。

对于语言发育迟缓，其实并没有一个统一的界定。一般来说，可以将90%的同龄宝宝都能够获得的语言技能作为一个参考，如果发现宝宝语言发育存在明显的滞后，那么最好请专业的医生对宝宝进行测评，这样才能了解宝宝的滞后到底是个体差异所导致的，还是存在其他问题。

比如：

① 9个月的宝宝，还没有出现"咿呀学语"；

② 宝宝已经1岁了，还不能用"baba""mama""dada"等类似的发音来呼唤父母；

③ 15个月的宝宝，除了会说"baba""mama"以外，不会说任何有意义的字词，也不会用手势、动作等肢体语言来表达自己的想法；

④ 18个月的宝宝，不能通过用手指物等方式来引起家长对物体的注意。

语言发育迟缓，该怎么治疗

★ 判断宝宝是否语言发育迟缓，需要结合其生理年龄，并进行详细且专业的检查和评估，对于学龄前处于学习语言阶段的宝宝，即使存在一些语言方面的问题，也不要轻易给宝宝扣上发育迟缓的帽子。确诊语言发育迟缓后，家长也不要病急乱投医，一定要在专业人员的指导下进行干预治疗。

🌟 宝宝语言发育迟缓，如果是听力障碍、发声障碍、发音器官疾病、自闭症等发育障碍导致的，家长需要先解决主要病因才能进一步治疗语言发育迟缓。

🌟 若只盯着宝宝语言方面的问题，很可能耽误宝宝真正病因的最佳治疗期，而语言方面的问题，也会因为"药不对症"而得不到有效的解决。

🔹 **检查听觉器官**

判断宝宝的听觉是否正常，不仅仅是看宝宝能否听到声音，还需要在医生的帮助下，检测对声音的辨识能力，比如对声音声调的辨识等。

🔹 **检查大脑发育**

先天或后天的脑损伤、大脑发育异常等，多会伴有智力和语言方面的障碍，需要请医生帮忙排查。

🔹 **排查其他生理缺陷**

例如唇腭裂、舌系带过短、发音器官异常等，这些都可能会导致宝宝在语言发育方面受限，进而导致语言发育迟缓。

◉ 排查后天养育问题

家庭语言环境、社交环境的缺失，也会造成宝宝语言发育迟缓。家长通过上面几个因素，逐一排查，找出宝宝语言发育迟缓的真正原因，解决根本问题，才能从根源上改善宝宝语言发育迟缓的问题。

◉ 排查其他问题

例如自闭症等。一旦确认存在问题，家长应该配合医生的指导，进行矫正和治疗，越早干预，效果越好。

怎样合理使用电子产品

- 对于孩子使用电子产品，家长既不需要把它当作洪水猛兽，绝对远离，也不能放任不管，让孩子沉迷其中。
- 家长要做的是掌握好正确使用电子产品的方式，把握孩子使用的尺度，合理引导，让它成为有利于孩子发育成长的工具。

102

★ 看电子屏幕或听语音节目，都属于被动接受信息的方式，而没有有效的互动沟通。这会限制宝宝的社交能力和语言表达，还会影响他在社交中与人相处能力以及语言表达能力的发展。

★ 视频中的画面，多是经过艺术加工的，与现实生活多少都会有些差距。孩子长期接收与现实生活不一致的信息内容，就可能造成认知混乱，进而也会影响宝宝语言和交流能力的全面发展。

★ 建议选择画质效果好的屏幕。其次还要注意宝宝与屏幕之间的距离，一般为电子屏幕对角线的 3~5 倍为宜。2 岁以内宝宝最好不看或少看电子产品，无法避免时，也应控制在 15~30 分钟，其间注意休息。2 岁以上宝宝每日观看总时长最多不应超过 1 小时，每次 15 分钟左右，其间至少休息 5 分钟。

★ 家长还可以用更有趣的活动吸引宝宝的注意力。电子产品高频率的刺激，会使宝宝的大脑皮层一直处于兴奋的状态。若想让宝宝不沉迷于电子产品，就要用更多有趣的活动吸引宝宝的注意力，让他知道在真实生活中的活动也可以获得快乐和满足感。

★ 家长要做好榜样。如果家长整日电子产品不离手，宝宝不仅会模仿，也会对家长所看到的内容感到好奇，想要一探究竟。因此，家长在陪伴孩子时，要放下电子产品，专心地陪伴孩子，多带他接触大自然。

★ 不要将电子产品作为奖励，也不要把限制电子产品作为惩罚。这两种方式都会让孩子觉得电子产品更有吸引力、诱惑力，进而他更想沉迷其中。

★ 给宝宝观看的节目，家长一定要筛选。当宝宝使用电子产品时，家长最好陪在身边，跟他探讨一些与节目相关的话题，帮助宝宝认识和理解画面信息。同时，要为宝宝摒除掉暴力、性场景、粗俗劣质的节目，避免影响宝宝的认知和心理健康。

诊疗室

语言康复中心

玩具区

Part5 双语学习

双语学习

为了不让宝宝输在起跑线上，我很早就开始给他进行"英语启蒙"了，想让他成为一个双语宝宝。

宝宝刚会说话时，就能使用英语单词了。

但是不知道什么原因，宝宝长大点后，对英语根本没有什么兴趣。不知道是我的方法有问题，还是别的地方出了问题。

我不知道到底还应不应该坚持。如果坚持的话，应该怎么做，宝宝才肯学？

其实，要不要让宝宝学习母语以外的语言，和有没有相关的语言环境有关。

语言是交流的工具，和生活息息相关。没有特定的环境，语言学习就缺乏了动力。

即便是宝宝学会了一种语言，也会因为无法应用到生活中，而逐渐遗忘。

如果宝宝接触的环境中没有外语交流的氛围，那么其实没必要非让宝宝学习外语。

当宝宝确实需要学习外语，但表示排斥时，家长可以从使用环境和培养兴趣入手，多加引导。

学习语言的目的是用于交流，不要让宝宝把学习外语当成负担，否则他会产生排斥的心理，不利于宝宝的成长。

英语启蒙怎么做

- 想让孩子顺利进行英语启蒙，最好的办法是给宝宝提供良好的语言环境，让宝宝能够将语言学习和日常生活紧密结合起来。

Mother

妈妈

apple，banana

苹果、香蕉

🌸 如果无法给宝宝提供适宜的英语学习环境，也没有较为长期且频繁地使用英语
交流的机会，学习的效果就会不理想。

在日常生活中可以为宝宝创造一个英语交流的环境，让英语学习不单纯是学习任务，而是能发挥日常交流的功能。

除了日常交流，可以在每天的固定时间根据不同场景，给宝宝进行英语熏陶，比如起床时、洗澡时、晚饭后等，采用的形式也可以是英语儿歌、音乐等。

在宝宝的英语绘本阅读、动画片选择上，可以选择一些质量高、立意好的产品。

需要提醒家长的是，英语启蒙学习不要盲目追求速度，要明确宝宝学习外语是为了交流，不要给宝宝太大的压力，而应给宝宝提供一个轻松愉悦的语言学习环境。

家长发音不准，能教宝宝英语吗

● 外语水平不高的家长，最好不要教宝宝。一旦宝宝学会了发音不标准、语调奇怪的外语，便会早早地留下口音，以后很难再改变。因此，家长只有在确保发音和语调正确的前提下，才能教宝宝。

在引导宝宝学习英语时，家长可以和宝宝一起参与、一起学习，增加互动交流的机会，不仅可以起"陪练"的效果，同时也能为宝宝树立很好的学习榜样。

为宝宝提供多感官刺激的英语学习渠道。可以选择有纯正发音质量高的音频或视频资源。

家长不教宝宝学习，却可以在宝宝学习英语的过程中，为宝宝提供尽可能丰富的语言环境，激发宝宝的学习兴趣。

双语学习会"搞晕"宝宝，或影响母语学习吗

- 要不要让宝宝学习中文以外的其他语言，和有没有使用这种语言的外部环境有关。

- 此外，还要考虑双语是否是家庭的"自然语言环境"，所谓自然语言，指的是家长的第一交流语言或者常用的交流语言。如果双语符合宝宝所处的生活环境，那么其实双语学习一般是不会"搞晕"宝宝的。

117

如果没有使用外语的环境，且双语都并非任何家庭成员的"自然语言"，那么家长不必非得让宝宝早早接触外语。

⬥ 其实，如果双语都是家庭成员的第一交流语言，宝宝在双语交流环境下生活，那么家长就不必担心会搞晕宝宝。可以让掌握某种语言的家长固定用这种语言跟宝宝交流。

⬥ 需要提醒的是，同时接触两种语言的宝宝，语言掌握的速度，相较于只学习一种语言的宝宝，可能会略慢一些，但一般不会因此产生语言学习的障碍。

● 英文绘本阅读，是宝宝进行英语启蒙的最佳方法之一。家长给宝宝选择的绘本是否合适，关系到宝宝对英语启蒙的兴趣和学习质量。

可以给孩子看英文绘本吗？
怎样给孩子挑选合适的绘本？

可以给孩子看英文绘本的。选择英文绘本时，要适合宝宝当下的年龄以及能力的发育水平，确保内容上不难理解，宝宝更容易接受。

122

选择英文绘本时，绘图精美、逻辑完整、图文紧密对应很重要。宝宝阅读时，最先获取信息的途径是"看图"，因此对图片的要求比较高。

建议选择语言简单、易读易懂、节奏感强、趣味性高的英文绘本。这样的英文绘本更能激发宝宝语言学习的兴趣。

多种呈现形式的绘本能提供多感官的刺激，让宝宝从多重角度理解语言，因此家长可以给宝宝选择附有音频或视频资源的英文绘本。

选择国外知名作者或出版机构的作品。这些作品通常是经典绘本且受到各国孩子的欢迎，经过了市场的检验，更能引发孩子的共鸣，激发孩子的阅读兴趣。

大点的宝宝对英语没兴趣，怎么办

● 兴趣是孩子学习路上最好的引领者，激发孩子的兴趣，需要家长更多的耐心及策略。

首先，家长需要反思宝宝一直对英语学习没兴趣，是否因为缺少英语学习或应用的氛围和环境。再根据宝宝是否确实有学习英语的必要，决定是否需要创造使用英语的环境。

好 好 学 习 天 天 向 上

● 如暂时没有学习外语的必要，则不要过于强迫宝宝学习；如果有学习的必要，则可以采取措施培养、增加宝宝学习的兴趣。具体可以这样做：

1. 家长在日常生活中也跟宝宝说英语，或者让宝宝多和使用英语的孩子交流，与其他小朋友一起学习。

2. 将英语学习与游戏的方式结合，让宝宝的英语学习不再枯燥；同时减轻宝宝的学习压力。要知道，哪怕已经是大一点的宝宝，仍然没有足够的自制力去完成一个让他觉得有压力的任务。

将日常所见所感与英语学习相联系，比如可以用英文称呼宝宝喜欢的玩具，带宝宝去公园，用英文讲解看见的景色，等等。

最后，不要苛求孩子，不要急躁，多鼓励，少批评，不要将语言学习当成任务。

图书在版编目（CIP）数据

崔玉涛图解宝宝成长 . 4 / 崔玉涛著 . —北京：东方出版社，2019.10
ISBN 978-7-5207-1077-0

Ⅰ . ①崔⋯　Ⅱ . ①崔⋯　Ⅲ . ①婴幼儿—哺育—图解　Ⅳ . ① TS976.31-64

中国版本图书馆 CIP 数据核字（2019）第 124425 号

崔玉涛图解宝宝成长 4
（CUI YUTAO TUJIE BAOBAO CHENGZHANG 4）

作　　者：崔玉涛
策 划 人：刘雯娜
责任编辑：郝　苗　王娟娟　戴燕白　杜晓花
封面设计：孙　超
绘　　画：孙　超　陈佳玉　于　霞　赵银玲　响　月　冯皙然　张紫薇
　　　　　王美迪　邢耀元
出　　版：东方出版社
发　　行：人民东方出版传媒有限公司
地　　址：北京市朝阳区西坝河北里 51 号
邮　　编：100028
印　　刷：小森印刷（北京）有限公司
版　　次：2019 年 10 月第 1 版
印　　次：2019 年 10 月第 1 次印刷
开　　本：787 毫米 ×1092 毫米　1/20
印　　张：7
字　　数：98 千字
书　　号：ISBN 978-7-5207-1077-0
定　　价：39.00 元
发行电话：（010）85924663　13681068662

版权所有，违者必究
如有印装质量问题，我社负责调换，请拨打电话：（010）85924725　85892957